小学童 探索百科博物馆系列

大力熊的秘密

小学童探索百科编委会·著

探索百科插画组·绘

北京日报出版社

目 录

智慧汉字馆　　"熊"字的来历 / 汉字小课堂 4

汉字演变 /5

百科问答馆　　熊的身体有什么特点？ /6

熊的祖先是谁？现在熊都生活在哪里呢？ /8

为什么说熊是大力士？ /10

熊的大爪子有什么秘密？ /12

为什么熊能站立起来？熊走路为什么是"内八字"呢？ /14

熊平时只爱吃肉吗？为什么它们喜欢偷吃蜂蜜，不怕被蜜蜂蜇吗？ /16

熊的视觉好吗？它们是怎么寻找食物的？ /18

熊喜欢交朋友吗？两只熊碰面会打架吗？ /20

熊宝宝是怎么成长和学本领的呢？熊爸爸不管小熊吗？ /22

熊是怎么过冬的呢？整个冬天它们不吃东西会不会饿死呢？ /24

熊都能爬树和游泳吗？熊跑得快吗？ /26

为什么说北极熊是"北极之王"？它们爱吃什么？ /28

为什么北极熊不怕冷？它们平时是怎么生活的？ /30

熊科这一熊的家族都有哪些成员呢？ /32

探索新奇馆　食蚁长毛兽——懒熊 /34

那些叫熊不是熊的动物 /36

文化博物馆　大禹化熊的传说 /40

《西游记》中的熊罴怪 /42

名诗中的熊 /43

名画中的熊 /44

成语故事中的熊 /45

遨游汉语馆　熊的汉语乐园 /46

游戏实验馆　有关北极熊保持体温的小实验 /48

熊知识大挑战 /50

词汇表 /51

小小的学童，大大的世界，让我们一起来探索吧！

我们是探索小分队，将陪伴小朋友们
一起踏上探索之旅。

我是爱提问的
汪宝

我是爱动脑筋的
咪宝

我是无所不知的
龙博士

"熊"字的来历

熊，穿着厚厚的毛皮"大衣"，脑袋圆圆的，眼睛小小的，身体胖胖的，脚掌上长着令人害怕的大尖爪，还能像人一样直立起来，看上去就像威风的大力士。

我国古代最常见的熊是黑熊，因为嘴巴前突，有点像狗，所以又被人称为"狗熊"。在汉字中，起初是用"能"字来表示黑熊这种凶猛兽类的。从"能"字的金文字形上，我们可以看到熊张开的长嘴、利牙、竖耳、短腿、短尾以及胖乎乎的身子。由于后来"能"字被专门用来表示"能够""才能""能力"等义，于是人们就另外造"熊"字来代指熊类动物。"熊"字的本义是指火势凶猛，如"熊熊烈火"，而凶猛正好是熊的特点之一。

目前世界上有8种熊，它们喜欢独来独往，非常有个性。现在，我们就一起来了解它们吧。

汉字小课堂

在汉字中，还有一个字"羆"（pí，旧时繁体字写作'羆'），专门用来表示又高又大的棕熊，人们称其为马熊，因为它们能站立起来，姿态像人一样，所以也叫人熊。"熊罴"一词，表示各种熊类猛兽。

金文（"能"字）　　小篆　　　　隶书　　　　楷书

小小耳朵大大头
圆圆身体尖尖爪
爱吃蜂蜜爱吃鱼
力大无比脾气火
我就是大力熊

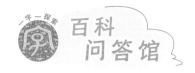
熊的身体有什么特点?

目前世界上还有 8 种熊,虽然它们皮毛颜色不同,体形大小也不同,但都有着圆滚滚的身体、大头小耳、粗短的四肢以及锋利的长爪,是一类力量强大的哺乳动物。

头颈部 头大,脖子短,眼睛小,耳朵圆,视力较差,听力也一般。

嘴和鼻 口鼻向前突出,有些像狗。鼻子顶端裸露无毛,嗅觉极其灵敏。

四肢和脚爪 四肢粗壮有力,脚掌下有厚实的肉垫。前后足都有 5 根脚趾,顶端长有非常尖锐的爪子,不能收缩。

（棕熊）

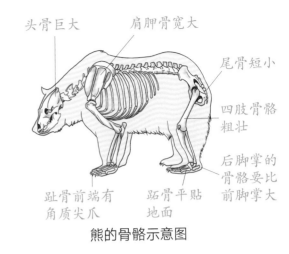

头骨巨大　肩胛骨宽大
尾骨短小
四肢骨骼粗壮
后脚掌的骨骼要比前脚掌大
趾骨前端有角质尖爪
跖骨平贴地面

熊的骨骼示意图

| 身体和毛发 | 身体粗壮圆胖，身披又厚又密的毛发，有两层，长毛防水，短绒保温。全身毛色大多一致，有棕、黑、白、灰、棕黑等色。大熊猫有自己独特的黑白色彩。 |

棕熊

熊的各种毛色

棕熊

北极熊

亚洲黑熊

北美灰熊

大熊猫

| 尾巴 | 很短，藏在皮毛中几乎看不见。 |

熊的祖先是谁？现在熊都生活在哪里呢？

　　想不到吧，熊和猫、狗、虎、狼等动物，最初都来自同一个祖先，它就是 4000 万年 ~5000 万年前生活在树上的小小的古猫兽。真正意义上的熊祖先可追溯到 3400 万年 ~2300 万年前出现在欧洲大陆的类熊动物，它们的后代演化出了祖熊类，并经过漫长的时间逐渐演化出了包括大熊猫亚科、眼镜熊亚科和熊亚科组成的熊科家族。一些史前熊类身材巨大，如洞熊、巨型短面熊等，只不过因为食物和气候的原因，现在都灭绝了。还有一些学者认为大熊猫有很多独有的特征，应该从熊科独立出来。

　　目前世界上的熊有 8 种，大部分分布在北半球。其中，棕熊分布最广，在欧亚

洞熊曾是史前巨熊之一，在大约 1.7 万年前全部灭绝了。据推测它们大部分以食草为主，但有一些也喜欢吃肉。它们常以小群体的形式生活在洞穴里，经常会用爪子进行挖掘，来扩大洞内生存空间。

大陆和北美洲大部分地区都能见到；北极熊只出没在北冰洋附近；而马来熊、亚洲黑熊、懒熊、大熊猫只分布在亚洲；美洲黑熊只分布于北美洲。南半球除了南美洲北部生活着眼镜熊外，其他地方都没有熊的踪迹。

探索 早知道

巨型短面熊是有史以来体形最大的熊。据推测，它们站起来有 4 米多高，体重能达到 1700 千克，主要猎物为野牛，也被称为"噬(shì)牛熊"。它们曾称霸美洲 100 多万年，因气候寒冷和食物短缺，在 2 万年前灭绝了。

巨型短面熊和成年人的大小比较

为什么说熊是大力士？

　　熊有大有小，力量也不一样，所以，并不是所有的熊都是大力士。不过，成年的棕熊算得上是动物界中名副其实的大力士，尤其身材巨大的科迪亚克岛棕熊和阿拉斯加棕熊。它们体形健硕 (shuò)，体长 2.5~3 米，雄熊体重能达到 800 千克。肩背发达的肌肉使它们的前肢充满力量，加上粗大锐利的爪子，全力一击，就如同 5 把锋利的尖刀一起砍下，能一下打断鹿、野猪的脊背。棕熊大嘴巴的咬合力也很惊人，可轻易撕碎其他野生动物，并能拖着猎物走很长的距离。熊的力量如此强大，连"森林之王"老虎也不会轻易去招惹它们。

棕熊很有力量，能轻松搬运捕获的驼鹿。

棕熊常会抢夺狼群的食物。

扑通！

东北虎捕猎能力很强，冬天饥饿时也会猎杀熊哦。不过面对强壮的雄性棕熊，它们还是比较谨慎的，也曾有雄性棕熊反杀老虎的报道。

东北虎和棕熊谁厉害？

犬齿较长
前白齿较短
后白齿发达 下颌骨强健有力

棕熊的咬合力十分惊人，能轻易咬断猎物的骨头。

熊掌的力量非常强大，还有5枚锋利无比的尖爪。

棕熊很喜欢吃肉，有时会袭击中大型食草动物，如野牛、驼鹿等。它们猛力一掌就能将这些动物置于死地。

熊的大爪子有什么秘密？

熊的每个脚掌都有5根脚趾，顶端锋利的尖爪最长能达到15厘米，看上去就像一把把锋利的尖刀。这些尖爪不能收缩，平时就暴露在外面，看上去十分吓人。

不同的熊因为生活的环境和习性不同，熊爪的外形和功能也不太一样。棕熊的尖爪锋利而略弯，一击便可置猎物于死地；黑熊、马来熊等的爪子弯曲像钩子，适合爬树和挖树根、蚁穴等；而大熊猫为了能握住竹子，前脚掌从桡侧腕骨上长出一个强大的籽骨，起到"第六指"的作用；北极熊的熊掌宽达25厘米，差不多是一个成年男子手掌的两倍宽，爪如铁钩，抓起海豹来十分有利。

北极熊

北极熊的熊掌十分宽大，爪如铁钩，方便抓捕水中猎物。掌下长有厚厚的毛发，可以让它们在冰上行动自如。

大熊猫

籽骨

大熊猫的掌上有籽骨，如第六指一样，适合抓握竹子。

棕熊

棕熊的大爪子可以轻易刨开树皮。

黑熊

黑熊的爪子呈弯钩状，很适合爬树。

嗡嗡嗡……

棕熊的大爪子可以轻易破坏掉石洞中野蜂的蜂巢。

13

为什么熊能站立起来？熊走路为什么是"内八字"呢？

熊的后腿骨骼十分粗壮有力，后脚掌要比前脚掌大，掌骨和趾骨可平贴于地面，这样就能让熊稳稳地站立起来，甚至还能走上一段距离。不过，熊在平时很少这样做，一般在遇到危险的敌人时，它们会站立起来，用自己庞大的身体恐吓对方。另外，熊在袭击猎物时也会站立起来，居高临下地扑向猎物，更能发挥出致命的力量。

熊走路时，脚掌前端会向内抓地，形成独特的"内八字"，这跟熊的体形、骨骼还有生活习性有关。熊的体形大，身体后部沉重，后腿短而前腿长，采用"内八字"走路，可以让身体的重心向前移，从而分担后腿的压力。熊在爬树和吃东西的时候，熊掌总是向内抓握，形成了爪子向内的习惯。另外，熊的膝盖有些内翻，形似人的罗圈腿。这些都使得熊走路时呈"内八字"。

熊站立起来大多是为了观察四周情况，有时也是为了获取高处的食物，如枝头的果实。

妈妈，我要吃……

亚洲黑熊能站
立起来并行走
一段距离。

熊走路是"内八
字",快步行走
时,同侧的两条
腿会一起移动。

前脚掌　　后脚掌

棕熊的脚印

吼……

成年雄性棕熊站
立起来时,身高可达
3米,是一个让人胆
寒的庞然大物。

15

熊平时只爱吃肉吗？为什么它们喜欢偷吃蜂蜜，不怕被蜜蜂蜇吗？

　　熊虽然被归为食肉动物，但除了北极熊几乎只吃肉外，其他熊的食谱很广，如植物的根、茎和果实，还有蘑菇、昆虫、鱼、鼠类，甚至还会吃腐肉。体形大的棕熊还会猎杀野牛、驼鹿等中大型食草动物。懒熊喜欢吃白蚁；黑熊吃植物要比吃肉多，还常把蚂蚁当零食；而中国的国宝大熊猫最喜欢吃的自然是竹子啦。

　　熊喜欢水果和蜂蜜，尤其贪吃蜂蜜，因为它们的身体需要补充矿物质和能量。熊吃蜂蜜时，可不讲文明，大爪子一挥，用暴力捣毁蜜蜂们的蜂巢，然后就不管不顾地大吃起来。愤怒的蜜蜂们虽然会疯狂地围攻熊，但短短的蜂针根本没有办法刺进熊身上的厚毛里，它们只能围着熊毛较短较少的面部、口鼻部位蜇。熊在蜜蜂们的攻击下常用前掌护住面部，但有时也会被蜇得受不了，拔腿逃跑。不过，熊可不会轻易承认失败，它们会用泥摩擦肿胀的鼻子，然后再去吃蜂蜜。

黑熊吃蚂蚁是为了更好地促进消化，因为蚂蚁进入黑熊的胃肠后，并不会马上死亡，它们为了找寻出路到处横冲直撞，这个过程就间接替黑熊疏通了胃肠，促进了消化。

熊大都喜欢吃蜂蜜，为了吃到蜜，它们会直接拆毁整个蜂巢。

哎哟哟……

熊往往也会被蜜蜂蜇得落荒而逃。

好吓人啊！

黑熊为什么吃蚂蚁啊？

虽然熊是杂食动物，但体形大的棕熊也会猎杀中大型的驼鹿、野牛等食草动物。

黑熊的食谱

蜂蜜

植物叶茎

果实

蚂蚁

棕熊的食谱

鹿

果实

蚂蚁

大马哈鱼

啮齿
动物

植物根茎

每年秋季，海里的
大马哈鱼要回河流的上
游去产卵。阿拉斯加棕熊
会站在河道中间，张开大
嘴，捕捉逆流而上的
鱼儿们。

熊的视觉好吗？它们是怎么寻找食物的？

熊的视觉一般，如我国常见的亚洲黑熊就是"高度近视"，十几米以外的东西就看不清了，所以常被人叫作"黑瞎子""熊瞎子"等。熊的听觉也谈不上优秀，主要用来察觉附近的动静。所以，熊的耳朵和眼睛在外形上都不大。

熊主要靠灵敏的鼻子来寻找食物，它们的嗅觉比猎犬的鼻子还要灵敏 7 倍左右。无论是石头下的蜈蚣、蚯蚓、昆虫，树干里的白蚁，土堆中的蚂蚁，还是野蜂蜜、野果……都逃不过熊灵敏的鼻子，最终成为它们口中的美食。而吃肉较多的棕熊，可以嗅到 10 千米以外猎物（如它们喜欢吃的山羊）的气息，然后一路追踪而去。

北极熊可以嗅到 32 千米外的猎物气味，还可以闻到 1 米厚冰层下的海豹的气味。

亚洲黑熊正在用嗅觉获取空气中的信息。

探索 早知道

如果在野外碰上熊，要尽量处于它们的下风口，不要让风把你的气味传递给熊。熊的视力不佳，你可以慢慢走开，不要奔跑，以免引起熊的注意。遇到熊装死的方法可不一定管用。如果熊已经吃饱了，可能对装死的人不感兴趣，但如果它们饿着肚子，那装死就是主动成为它们的美餐了。

棕熊正张开鼻孔闻空气中的味道，分析空气中是否包含食物或伴侣的信息。

什么味道？闻一闻……

19

你好呀！我们交朋友吧！

熊喜欢交朋友吗？两只熊碰面会打架吗？

　　熊喜欢独来独往，每一只熊都有自己活动的领地，不允许同类在这里活动。不过，有时不同的熊种，如棕熊和黑熊，它们的栖息地会有些重合，但彼此会避免碰面，错开活动时间。如果黑熊不巧碰到棕熊，常会爬上树躲避。

熊大多在每年的3月到6月繁殖，会短暂地结束单身生活，寻找伴侣繁衍下一代。雄熊之间常会为争夺一只雌熊的交配权而大打出手，造成伤亡。带着小熊的雌熊如果碰上雄熊，需要马上逃跑。如果跑不掉，雌熊为保护孩子，会拼死和雄熊作战。因为雄熊会杀死小熊，来逼着雌熊和自己交配。不过，雌熊在力量上并不是雄熊的对手，有时只能自己拖住雄熊，让小熊先逃走，而母子俩以后还能不能再相见，就不一定了。

两只雄熊碰面常常会发生激烈的打斗，它们会冲着对方怒吼，站立起来以进行力量的比拼。这种打斗经常会造成伤亡。

雄熊和雌熊也有短暂和平共处的时期，会一起繁衍后代。

熊宝宝是怎么成长和学本领的呢？熊爸爸不管小熊吗？

　　熊妈妈一般会在 5 月到 7 月的繁殖季里怀上宝宝，但胎儿要到 11 月左右才开始在熊妈妈体内发育。熊妈妈在秋天的时候会吃下很多食物来储存足够多的脂肪和能量。到了冬天会在洞穴里生下 1~3 只熊宝宝，用奶水喂养它们。春天到了，万物复苏，熊妈妈会带着小熊出洞，到外面去学习各种生存本领。小熊越大就越顽皮，有时还会瞒着熊妈妈去冒险。熊妈妈发现后，会毫不客气地教训小熊。

　　熊爸爸向来是不管小熊的，而且它们也根本没见过自己的孩子。因为每年繁殖季一过，熊爸爸就会恢复单身汉的生活，除了吃就是睡，什么都不操心。春季熊妈妈带着小熊出洞时，如果碰上一只结束了冬眠正饥饿的雄熊，那小熊就会成为雄熊眼中美味的食物。

春夏时节，熊爸爸和熊妈妈会生活一段时间，然后熊爸爸就离开了。

小熊的成长过程

小熊要在妈妈身边待 2~3 年，学习各种生存技能。

小熊 4 岁左右就可以独立生活了。

小熊在和兄弟姐妹的打闹游戏中渐渐成长起来。

刚出生的小熊什么都看不见、听不见，身上几乎没有什么毛。

熊妈妈会很耐心地教导小熊如何爬树、如何识别食物、如何躲避危险……

熊是怎么过冬的呢？整个冬天它们不吃东西会不会饿死呢？

冬天到了，生活在北方的熊会找一处天然洞穴或自己挖个洞，把里面整理得舒舒服服的，然后开始睡大觉，而生活在南方的熊则不用。不过，熊并不是真正的冬眠动物，因为它们不像刺猬、青蛙和蛇等这些真正的冬眠动物那样，把体温降得很低，像死了一样。而熊在冬眠时其体温、心跳和呼吸次数虽然比平时下降了一些，但基本会保持正常。

熊冬眠时间的长短取决于它们体内储存脂肪的多少。如果储存的脂肪足够多，熊便可以在整个冬天不吃不喝地安心睡大觉；如果储存的脂肪不够，那它们就可能中途醒来，外出去找食物。雌熊常在冬季产崽，哺乳小熊期间会很容易饥饿，有时也不得不四处寻找吃的。经过漫长的冬天后，熊的体重一般会下降三分之一甚至更多，但并不会饿死。不过，春天出洞的熊急需要大量食物来恢复身体，这个时候如果食物短缺，熊有可能会饿死。

熊在秋季食物充足时，会不停地吃，把自己养得又肥又胖。到了冬天，熊就采用睡大觉的方法来度过寒冬。

松鼠

睡鼠

刺猬

看一看，还有哪些小动物也在冬眠呢？

让我来说说：有刺猬、蛇，还有……

瓢虫

蜗牛

乌龟

蛇

青蛙

熊都能爬树和游泳吗？熊跑得快吗？

大部分熊都是爬树高手和游泳健将。不过，在北极地区只有低矮的苔原植物和茫茫雪原，所以北极熊无树可爬，但它们很擅长游泳。马来熊生活在东南亚和南亚的山地丛林中，平时就爱待在树上，爬树对它们来说小菜一碟。体形较大的黑熊长着钩状的爪子，爬树也很厉害。身体笨重庞大的棕熊小时候也喜欢爬树，但随着身体长大，爪子承受不了巨大的体重，加上要吃的食物大多在地面上，它们就不怎么爬树了。

熊虽然看起来很笨重，但跑起来速度一点都不慢，有的成年熊几乎可以跑得和马一样快，北美灰熊每小时最快可以跑 56 千米，北极熊也可以以这个速度在苔原上冲刺。另外，棕熊还是山地"马拉松长跑"冠军，耐力很好，可以长距离奔跑追踪猎物。

真舒服！

熊很喜欢游泳，还会舒服地漂浮在水面上呢。

别跑……

棕熊在平坦松软的草地上奔跑速度很快，它们的长爪子就像带钉的跑鞋一样能抓紧地面，但在硬地面或公路上，这些尖爪反倒会妨碍它们奔跑。

探索早知道

生活在野外的熊寿命一般为 30 年左右。曾有一只被抓获的棕熊活到了 47 岁。可以依据熊牙齿的磨损程度来比较准确地判断其年龄，在显微镜下通过观察牙齿磨片上类似年轮的纹路来判断。

为什么说北极熊是"北极之王"？它们爱吃什么？

北极熊生活在北冰洋附近的冰冻海域。北冰洋又称北极海，是地球上最小、最浅、最冷的大洋。雄性北极熊可以称得上是熊中"巨人"之一，它们用后肢站立起来时，身高可以达到 3.6 米，能和大象平视。北极熊是较为纯粹的食肉熊，也是冰雪王国中的顶级猎杀专家，根本没有对手，所以被称为"北极之王"。它们有着极敏锐的嗅觉，可以仅凭借猎物呼吸时留下的气味远距离锁定目标；牙齿锋利，力大无比，熊掌几乎有成年人两个手掌那么宽，尖爪如铁钩一般，可以牢牢抓住猎物，并轻易捏碎它们的骨头。它们善于短距离冲刺，也善于长距离追踪，每天可以轻松行走 70 千米以上；它们还是"游泳健将"，能在水中连续游泳 100 多千米，可以潜泳一至两分钟不用换气。

北极熊最爱的食物是富含脂肪的海豹，它们常常花数小时守在冰面上，盯着海豹的呼吸洞或出口，只要海豹的头一露出水面，就用大爪子猛击下去，一招致命。它们通常只吃海豹的脂肪，将其余部分丢弃。当缺少食物时，它们也吃鱼类、鸟类，甚至吃死去鲸鱼的尸体。

海象

海豹

独角鲸

北极海鹦

北极熊强大的力量和高超的捕猎手段，让所有的北极动物都望而生畏。当地的土著非常崇拜它们，认为它们是"萨满"——人类与精神世界的使者，聪明而富有智慧。

北极鸥

北极兔

北极狐

为什么北极熊不怕冷？它们平时是怎么生活的？

北极熊有着结实的黑色皮肤，皮肤下还有厚达 11 厘米的脂肪层，皮上还长着浓密而柔软的长毛。这种毛是中空透明的，但光线折射后会呈现出白色或象牙色。长毛表面有一层防水油脂，能像温室的玻璃一样阻挡身体热量的散发。太阳光可以穿过毛发射到黑色的皮肤上，使身体吸收更多的热量。北极熊的脚掌底也长满了密集的细毛，这让它们在冰面上行走时，又稳当又不冻脚。

北极熊平时喜欢独居，只在 4 月至 6 月的繁殖季，雌熊会和雄熊一起生活一段时间。9 月以后，北极地区开始进入漫长的冬季，北极熊会到处捕食最爱吃的海豹。到了最寒冷的日子，它们会躲入雪洞中，处于似睡非睡的半冬眠状态。雌熊在雪洞里

你们埋伏的时候，要记着用前掌捂住自己的黑鼻头，免得暴露了哦。

熊妈妈正在教授小熊们如何猎取海豹。

我们和雪地的颜色一样，海豹肯定看不到我们。

生下 1~3 只小北极熊，在随后
3~4 个月内依靠体内储存的营养
哺乳它们。春季到来，熊妈妈
会带领小北极熊出洞玩耍。小
北极熊跟随熊妈妈生活学习 2~3
年后，便开始独立生活了。

熊妈妈会很尽心地守护小熊，不让其
他熊靠近。小熊一直跟着熊妈妈学习，
直到能独立生活。

小熊刚出生时身上光溜溜的，眼睛也要过一个
月左右才能睁开。3~4 个月后，它们的体重就能
增加到 14 千克左右，浑身毛茸茸的，十分可爱。

春季，雄熊会为得到雌熊的交配权而打斗。
它们会站起身来，用前掌拍打，用嘴撕咬。

北极熊在浮冰上耐心等
待，趁着海豹浮出水面
换气，一把将其抓住。

北极熊是游泳健
将，会用前掌划水，
在大洋中可以轻松地
游 100 多千米。

31

熊科这一熊的家族都有哪些成员呢?

目前世界上有 8 种熊，我国的大熊猫也属于熊科动物，不过单独为一类。现在我们就一起了解一下它们吧。

熊科

熊亚科

棕熊

肩高
0.9~1.5 米

体长 1.5~3 米

目前陆地上体形较大的食肉动物之一，虽然吃肉，但也吃植物。毛色从浅褐色到棕黑色。生活在欧亚大陆和北美地区的寒冷山林中。

北极熊

肩高
约 1.6 米

体长 1.8~2.5 米

目前陆地上体形较大的食肉动物之一，几乎只吃肉食，生活在北极冰原地区。皮肤为黑色，毛发透明，经光线反射呈现为白色。

美洲黑熊

肩高
0.7~1 米

体长 1.2~2.2 米

广泛分布在北美洲各地。毛色从黑色到棕色，也有白色的（白灵熊）。以植物为主食。

亚洲黑熊

肩高
0.7~1 米

体长 1.3~2 米

主要生活在欧亚大陆东部的林地中，胸前有"V"形或"Y"形白斑。食物范围广泛。生活在北方的熊有冬眠的习性，生活在南方热带地区的则没有。

眼镜熊
亚科

眼镜熊

肩高
0.7~0.8 米

体长 1.2~2 米

唯一生活在南美洲的熊，比较古老的物种。眼睛周围有一圈灰白至浅黄色斑纹，像戴了一副眼镜。特别喜欢吃水果。

马来熊

肩高
约 0.7 米

体长 1.1~1.5 米

现存体形最小的熊，生活在东南亚和南亚。毛发又黑又密又短，胸前有一块黄白色的"U"形纹。爱用长长的舌头舔食白蚁。

熊猫亚科

大熊猫

肩高
0.65~0.8 米

体长 1.2~1.8 米

主要分布在我国西南部海拔 2000~3500 米的竹林中。最主要的食物是竹笋、嫩竹子和竹竿，偶尔也吃肉和其他植物。

懒熊

肩高
0.6~0.92 米

体长 1.4~1.9 米

生活在印度和斯里兰卡等地，其尾巴是熊科动物中最长的。行动迟缓，生活在树上，爱吃白蚁和蜂蜜。

生活在北方的熊一般会冬眠，而生活在南方的熊，如马来熊、懒熊、眼镜熊等不会冬眠。我国的大熊猫不怕寒冷，而且冬天也能吃到竹子，所以它从不冬眠。

这些熊到了冬天都会冬眠吗？

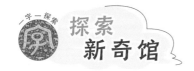
食蚁长毛兽——懒熊

胸前有白色的"V"形或"Y"形斑纹

有一身又长又蓬松的黑色皮毛

口鼻部很长，向前突出

大家好，我是生活在印度和斯里兰卡等热带森林和草原上的懒熊。最初的动物学家们发现我时，觉得我和笨拙的树懒有些像，以为我们是近亲。后来我回归了熊科家族，所以有了"懒熊"这一名称。

我不仅长相特别，吃东西的口味也很独特。其他熊只是将蚂蚁等昆虫当零食，我却酷爱吃白蚁。除了白蚁，我也爱吃蜂蜜、鸟蛋、果子等。

懒熊的鼻孔可以随意控制闭合。上颌中间没有门齿

在准备吃白蚁时，懒熊的嘴部会形成一个像"吸尘器"一样的管道

食谱

白蚁
鸟蛋
果实

懒熊发现蚁穴后，就用前爪扒开表土层，吹走碎屑，然后闭合鼻孔并将嘴对准洞口使劲吸气，白蚁随着气流就被吞入口中了。

懒熊的前爪又长又尖又弯，像树懒的一样，很适于挖掘蚁巢

懒熊妈妈一般会在9月至次年1月生下2个宝宝，等它们长到两三个月大，就能趴在妈妈的背上到处看世界了。它们要和妈妈一起生活2~3年，然后才能独立生活。

走啦……

走开！

我生活在热带地区，平时总在夜间活动，白天藏起来睡大觉。我的体格很健壮，除了老虎和豹等大型食肉动物以外，谁都不是我的对手。

探索 早知道

在东南亚、南亚的热带和亚热带丛林中，还有一种爱吃白蚁的熊，它们是世界上体形最小的熊，名叫马来熊。成年熊的体长只有1.1~1.5米。它们全身黝黑，毛又短又密，胸前还有个"U"形的黄白色斑纹，脚爪长而锋利，且向内弯曲，特别有利于爬树。

发现白蚁洞了。

小心！

马来熊的舌头长达30厘米，能很方便地从蚁穴和蜂巢中舔食白蚁和蜂蜜。

马来熊擅长爬树。除了吃白蚁和蜂蜜，它们也吃树叶、果实、蚯蚓以及老鼠等。

那些 叫熊不是熊 的动物

一对毛茸茸的大耳朵

扁平无毛的黑鼻子

脚趾长，有尖爪

尾巴退化成一个"坐垫"

（一）又懒又可爱的树袋熊

我是来自澳洲的树袋熊，还有个更响亮的名字叫"考拉"。"考拉"源自英文"koala"的音译。你知道吗，我可不是熊，而是有袋类动物，因为雌性树袋熊的腹部有一个育儿袋。

前脚掌　后脚掌

树袋熊平时很少喝水，身体需要的水分几乎全部来自它们吃的桉树叶。

树袋熊的前脚掌有5根带尖爪的脚趾，前2根脚趾与其他3根脚趾分离较远，能像人的拇指一样与其他趾对握。

刚出生的小树袋熊只有人的小手指那么大，前几个月内它们只能待在妈妈的育儿袋里。为了让小树袋熊将来能消化有毒的桉树叶，雌性树袋熊还会排出一种很软的物质给它们吃，这样雌性树袋熊肠道里能解毒的微生物就能进入小树袋熊的身体了。

小树袋熊要到3~4个月才会从妈妈的育儿袋里露出脑袋向外看。

6~7个月后的小树袋熊会完全离开育儿袋，趴在妈妈的怀里或背上，跟着到处走。

我有自己专属的领地，平时生活在树上，只有在更换新树或去吃帮助消化的砾石时，才会下到地面。为了让其他同类知道这块领地是我的，我会在树下留下粪便，或在树干上留下抓痕和气味。我一般会在晚上大吃一顿桉树叶，白天就睡大懒觉，常常一睡就是18个小时左右。这可是有原因的哦。

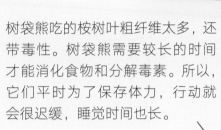

树袋熊吃的桉树叶粗纤维太多，还带毒性。树袋熊需要较长的时间才能消化食物和分解毒素。所以，它们平时为了保存体力，行动就会很迟缓，睡觉时间也长。

树袋熊在树上的睡姿各种各样。不过，不用担心，它们的平衡和抓握能力很强，一般不会掉下来，除非是岁数很大的树袋熊。

比我还能睡啊！

（二）卖萌小可爱——袋熊

看我看我。我是熊吗？不不不，我也是生活在澳洲的有袋类动物，叫袋熊。我长相可爱，虽然又矮又胖，可一旦遇上危险跑得比人还快呢。我一般白天在洞里睡觉，晚上出来吃青草、嫩叶和树根等。我是挖洞小能手，看看我的成果吧。

小眼睛，小耳朵，门牙像啮齿动物的门牙

我拉的"便便"是方形的哦。

前足有5趾，顶端有长爪，挖洞很便利

四肢短而有力

袋熊擅长挖洞，它们的洞能直接通到有食物的地方，也可通向"卧室"，它们还会用草和树皮做"睡床"。

（三）爱干净的浣熊及其亲戚们

嘿，我是浣（huàn）熊，老家在北美洲。我才不是熊呢，我们浣熊家族自成一体。看我酷酷的"黑眼圈"，像不像侠盗？我是游泳健将和攀爬高手，平时住在林地的树洞里，夜晚到处活动，找到什么吃什么。我名字里的"浣"是洗的意思，因为我在进食前常会把食物放在水中洗一下，我是不是很爱干净啊？

灰黑色的毛发

眼睛周围有黑色条纹，整体如同脸谱

口鼻短而尖

尾巴粗大，有黑色环纹

前爪的5根脚趾能分开，可以抓握东西。

食谱

昆虫
蚯蚓　螺　蛙
虾类

浣熊会偷偷溜到人们的住宅周围，在垃圾桶里翻找能吃的东西。

浣熊的各种行为

吃东西前先要闻一闻。　用前爪在水中寻找猎物。　雌浣熊叼着幼崽的后颈处前进。　走路时常低着头，弓着背。　喜欢趴在树干上睡觉。

浣熊总喜欢用前爪抓着食物在水里清洗，其实不仅是为了干净，更因为它们的爪子与水接触后，会变得更加灵敏，可以更准确地感知食物信息。另外，它们也常用爪子在水中抓鱼虾吃。

洗一洗再吃！

口鼻向前突出

这是我的亲戚——南美浣熊，也叫长鼻浣熊，其习性和我的有点像。进食前，它们也会把食物放在水中洗濯一番或拿在爪中揉搓一番，一般在树上筑巢。它们通常生活在森林地区，常常一大群一起在白天活动。

爪长，非常善于爬树

尾巴有环纹

食谱

蚯蚓　昆虫

蜥蜴

南美浣熊能用前爪挖土，并依靠长鼻子寻找那些躲在树叶下或倒伏的枯木下的小动物来吃。

南美浣熊头前部扁平，口鼻部很长，向前突出。

用长长的舌头舔食蜂蜜

酷爱吃蜂蜜，会用前爪扒开蜂巢

尾巴很长很灵活

这是蜜熊，也叫长尾浣熊，也是我的亲戚。它们的样子很像猴子，有一条长长的尾巴，能帮助它们倒悬在树枝上或抓握东西，还可以帮助它们平衡身体，所以有"第五只爪"的称呼。

用尾巴抱住自己的幼崽。

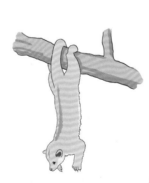

借助尾巴在树枝间倒悬采食。

在行走时，尾巴起到平衡身体的作用。

大禹化熊 的传说

在我国上古时期，熊就被当作力量的象征，成为一些部落崇拜的对象。人们认为它们能带来吉祥，护佑部落族人的平安。力大无穷的熊形象也出现在很多神话传说中。

相传上古时期，天下发了大洪水。夏后氏首领大禹带领大家治理洪水，开辟河道，想把洪水引入大海。可是，高大的轩辕山挡住了水流的去路，大禹心中十分焦急，便化身为一只力大无穷的黑熊，用嘴拱，用掌扒，奋力开山造河。为了不让送饭的妻子知道自己化身为熊，大禹就叮嘱她，只有听到鼓声才来送饭。

这一天，大禹又化身为巨熊开山时，不小心踩踏在一块石头上，石头飞出击中了鼓，鼓发出"咚咚"的响声。他妻子听见了，便前来送饭，结果却看见丈夫变成

了一只熊。她又羞又怒，转身就跑，一直到跑到了嵩山脚下，最后化作一块大石头。

赶来的大禹又急又悲，他知道妻子肚子里已经怀了孩子，便对着石头喊道："还我孩子来！还我孩子来！"他的喊声刚落，石头朝北的一面真的裂开了，一个男孩破石而生。这就是大禹的儿子，名字叫"启"，意思是"打开"。启果然天生不凡，后来成为夏朝的国君。

《西游记》中的 熊罴怪

　　"熊罴"在汉语中是指熊和罴，其中"熊"在此处为熊科动物的统称，而"罴"则特指一种体形较大的棕熊。《西游记》中有一个特别的熊罴怪，又叫黑熊精，是一只修行多年的黑熊。它住在黑风山的黑风洞，本领非常大，还结识了一些修道的朋友，和山下观音禅院中的金池长老也有来往。当时，唐僧在五行山收了孙悟空，两个人路过观音禅院借宿，一时贪心的金池长老看上了如来佛祖赐给唐僧的宝物袈裟，在其他僧人的建议下想放火烧死唐僧师徒二人，结果误烧了寺院。黑熊精跑来救火时，看到这件宝贝，也起了贪心，乘乱偷走了它，还在洞中开起了"佛衣会"给自己祝寿。孙悟空和黑熊精争斗几天，也没办法取回袈裟，只能请来了南海观音菩萨。观音菩萨变作黑熊精道友的样子，献上仙丹祝寿。黑熊精吞下由孙悟空变成的仙丹，肚中疼痛难忍，只好求饶认错。它交还了袈裟，还跟着观音回到南海落伽山，当了守山大神。

　　这个黑熊怪不像别的妖怪一心想吃唐僧肉，反倒显得很有学问和见识，连孙悟空都觉得他没有"妖气"，观音菩萨也觉得他是个可造之才，所以收他当守山大神。这是不是一个与众不同的熊罴怪啊？

名诗 中的熊

鲁山山行

→ 在今河南鲁山县。

宋·梅尧臣

shì yǔ yě qíng qiè qiān shān gāo fù dī
适 与 野 情 惬 ， 千 山 高 复 低 。

→ （山峰）随观看的角度变化而变化。

hǎo fēng suí chù gǎi yōu jìng dú xíng mí
好 峰 随 处 改 ， 幽 径 独 行 迷 。

→ 僻静的小路。

shuāng luò xióng shēng shù lín kōng lù yǐn xī
霜 落 熊 升 树 ， 林 空 鹿 饮 溪 。

→ 霜雪融化，因为太阳升起了。

rén jiā zài hé xǔ yún wài yī shēng jī
人 家 在 何 许 ？ 云 外 一 声 鸡 。

译文 清晨，千峰竞秀、高低错落的鲁山，正好与我爱好自然景色的情趣相合。奇峻的山景随着视角的变化而变化，我独行在僻静的小路，最后不知到了哪里。霜雪正融化落下，黑熊正在爬树。树林里一片空寂，只有小鹿在溪边饮水。在这崇山峻岭中也会有人家居住吗？远处云雾缭绕处忽然传来一声鸡鸣。

诗意 这是一首写景诗，记述了深秋时节，诗人一次登山观景的过程。诗人看到鲁山的美丽景致心中十分欢喜。全诗写得十分清新自然，有动有静，描绘了一幅斑斓多姿的山景图。

名画中的熊

立轴　纸本　纵 148 厘米　横 74.7 厘米
现藏北京故宫博物院

《婕妤挡熊图》

清·金元标

　　这幅画取材于《列女传》，描绘了冯婕妤 (jiéyú) 挡熊的场景。冯婕妤是汉元帝的妃子，名叫冯媛 (yuàn)，婕妤是她的封号。有一次，后宫妃嫔随汉元帝观看斗兽，突然熊从兽圈中跳出，汉元帝左右的妃嫔被吓得四散乱跑，而冯婕妤却临危不惧，以身挡熊，最终熊被左右侍卫杀死了。汉元帝问冯婕妤："众人都被吓得逃离，你为什么要以身挡熊呢？"她回答说："听说猛兽如果抓到人后就会停下来，我怕熊会冲到您的座前，所以以身挡熊。"汉元帝十分感慨，从此对冯婕妤倍加敬重。

站在阶前、以身挡熊的冯婕妤。站在她身后台阶正中间的则是汉元帝。

成语故事中的熊

老罴（熊）当道

南北朝时期，有一个作战勇猛的大将，名叫王罴。他在华州做官时，曾修筑城墙以加强防御，因城墙尚未修好，所以晚上也没有将搭在外墙上的梯子撤走。谁知敌军却趁夜乘梯前来偷袭华州，等到天亮时，敌人已顺着梯子爬上城墙，进入城中了。

抓紧时间，快把城墙修好。

王罴此时还在睡觉，忽然听到外面人声嘈杂，心知不妙，于是一跃而起，敞胸露怀光着脚，操起一根白木棒就冲了出去，大喝一声："老罴当道卧，貉（hé）子那得过！"意即有我王罴在此镇守，哪个不怕死的小狸犬敢过来！敌人见到他后被吓得四散逃离。后来，人们就用"老罴高卧""罴卧""老熊当道"等来表示壮士霸气外露或猛将镇守要地。

故事小启示

这个故事告诉我们，重要的岗位，需要用重要的人物，这样才能守住或保住要地。人们也常用这个成语比喻充分发挥人才的能力。

 学说词组

熊

罴 pí
罴指棕熊。"熊罴"可以比喻勇猛的人或军队。

熊 xióng
形容火势旺盛的样子，如"熊熊大火"。

掌 zhǎng
熊的脚掌。为保护野生动物，国家有关法规禁止把熊掌列为食品。

狗 gǒu
熊的一种，即亚洲黑熊。也比喻怯懦无能的人。

学说成语

xióng hǔ zhī shì
熊虎之士
形容勇猛的人或士兵。

yú yǔ xióng zhǎng
鱼与熊掌
比喻全部事物都想得到，难以取舍。

lǎo xióng dāng dào
老熊当道
又作"老罴当道"。比喻猛将镇守要塞。也比喻重要的人物守在重要的位置。

hǔ bèi xióng yāo
虎背熊腰
背宽厚如虎，腰粗壮如熊。形容人的身体十分魁梧，体格健壮。

xióng xīn bào dǎn
熊心豹胆
比喻胆子非常大。

你看看我虎背熊腰的样子，你打得过我吗？

芝麻太小了，不过这些地瓜真好吃呀！

宁养一条龙，不养十个熊

比喻宁可只要一个杰出人才，也不要一群普通人。

这些芝麻正适合我吃！

狗熊嘴大啃地瓜，麻雀嘴小啄芝麻

比喻各人按照自己的具体条件做事。也可比喻大有大的好处，小有小的好处。

学说歇后语

狗熊捧刺猬——遇上棘手事

刺猬全身长满硬刺，放在手掌里很容易被扎伤。比喻遇上难办的事。

狗熊掉进陷阱里——招数不多了

招数：办法，手段，计策。多用来讥讽某人用来摆脱困境的手段、计策很少。

狗熊耍把戏——装人样

比喻装模作样，假装了不起。

狗熊掰棒子——掰一个，丢一个

据说狗熊很笨，总喜欢把掰来的棒子（玉米）夹在腋下，再掰一个仍夹在腋下，一抬胳膊，先前的那个就掉了。比喻人一边获得一边丢弃，其实没有多大的收获，到头只是白忙活一场。

啊呀，这个玉米棒子真不错，把它也摘了吧！

有关北极熊 保持体温的小实验

北极熊能在冰天雪地的北极生存下来，靠的是厚厚的脂肪和它们一身特别的皮毛。它们的皮肤是黑色的，可以吸收阳光里的热量，而毛是透明无色的，能让太阳光照射到黑色的皮肤上，并且还像保鲜膜一样，阻挡身体的热量外散，这样北极熊就不怕冷了。现在我们就做个小实验来验证一下吧。

实验材料

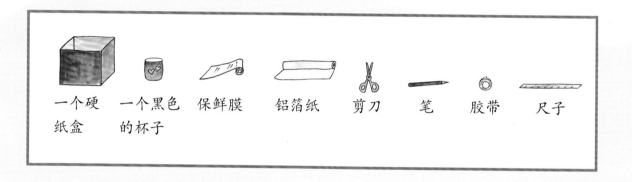

一个硬纸盒　　一个黑色的杯子　　保鲜膜　　铝箔纸　　剪刀　　笔　　胶带　　尺子

实验步骤

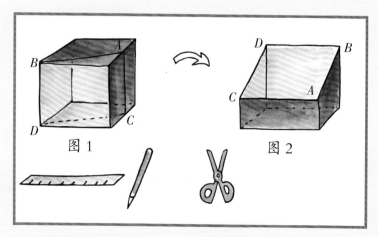

图1　　图2

1. 如左图1所示，在硬纸盒的两条棱上选两点 A 和 C（AC 平行于 BD），然后用尺子将这两点与对应面的顶点 B 和 D 相连（AB 和 CD）。

2. 用剪刀沿着 AB、AC 和 CD 剪开，只保留图2部分。

3.将铝箔纸贴在纸盒的内表面上。

4.将黑色的杯子装上冷水，放在盒子中。如果盒子够大，也可以在黑色杯子的旁边放上同样装了水的白杯子或透明杯子，以此来做对比。

5.将盒子表面包一层透明的保鲜膜，并用胶带固定好，然后将整个盒子放在阳光下。

6.过1个小时，拿出水杯，用手指试试水温，你会发现水温有什么变化呢？

实验结论

　　水温升高了。在这个小实验里，水就相当于北极熊的血液，黑色杯子就相当于北极熊黑色的皮肤，而保鲜膜和铝箔就起到北极熊毛发的作用。黑色杯子可以更快地吸收太阳光的热量，传递给冷水；铝箔起到反射光线的作用，将四周的光线集中到杯子周围；保鲜膜起到阻挡热量散发出去的作用。就这样，皮肤和毛发很好地合作，使得北极熊能保持身体的温暖。

熊 *知识* 大挑战

看一看，想一想，哪些对，哪些错？一起来打"√"和"×"吧。

1. 熊都是食肉动物，平时只爱吃肉。 （　　）

2. 熊主要是靠眼睛来寻找食物的，因为它们的视力很好。 （　　）

3. 熊有5根脚趾，顶端长着不能收缩的锋利尖爪。 （　　）

4. 北极熊身上的毛发是白色的，能够反射阳光。 （　　）

5. 熊可以像人一样站立，还能短距离行走。 （　　）

6. 熊宝宝一出生，就能看得见、听得到。 （　　）

7. 熊太笨重了，跑起来很慢。 （　　）

8. 北极熊是游泳健将，能在大洋里轻松地游泳。 （　　）

熊知识大挑战答案

1 ×。大部分熊是杂食性动物，无肉素食都吃。 2 ×。熊的视力不佳，主要靠嗅觉。 3 √。 4 ×。北极熊的毛发是透明的。 5 √。 6 ×。刚出生的熊宝宝其实是看不见也听不见的。 7 ×。熊跑起来很迅速。 8 √。

速非常。

词汇表

哺乳动物（bǔrǔ dòngwù） 指有脊椎，体表一般有毛，体温多较恒定，其后代大多是胎生且由母亲分泌的乳汁喂养长大的动物，能适应各种复杂的生存环境。

大力士（dàlìshì） 指那些拥有巨大力气的人。

直立（zhílì） 挺直站立。这里指熊等动物挺直身体，只用后腿站立。

祖先（zǔxiān） 经过漫长的时间，演化成现代各类生物的古生物。

咬合力（yǎohélì） 一般指动物上下颌的牙齿咬在一起时，由负责咀嚼的肌肉收缩所产生的咀嚼压力。

内八字（nèibāzì） 指人或动物走路脚尖落地时不朝正前方，而是向内偏的情况。

食肉动物（shíròu dòngwù） 以肉类为主要食物的动物，即捕食其他的动物。也叫肉食动物。

蜇（zhē） 像蜜蜂这样的昆虫，会用尾巴上的毒刺来刺人或动物。

追踪（zhuīzōng） 根据动物或人行动时留下的痕迹或气味追寻。

领地（lǐngdì） 指动物个体独自占有或和群体同伴一起生活的区域，常有固定的边界，不允许其他同类进入，会用气味或痕迹来做标记。它们会在这里进食、休息、睡觉和抚养后代成长。

冬眠（dōngmián） 一些动物为了应对冬季的寒冷以及食物不足，会进入一种不吃不喝、体温降低、心跳减缓的沉睡状态，等到温度回升后才会醒来。像蛇、蛙等动物体温会降至极低，像冻僵了一样；而松鼠等动物体温虽降低，但不会冻僵；而熊的体温只稍有下降，是处于睡眠和冬眠之间的一种状态。

折射（zhéshè） 光线在空气中传播本来是直线前进的，当它进入水或遇到其他透明物体（如北极熊透明的毛发）时，传播方向就会发生偏折。

油脂（yóuzhī） 油和脂肪的统称。油脂的来源可以是动物、植物或微生物，通常常温状态下呈液体状者称为"油"，呈固体或半固体状者称为"脂"。

图书在版编目（CIP）数据

大力熊的秘密 / 小学童探索百科编委会著；探索百科插画组绘 . -- 北京：北京日报出版社，2023.8
（小学童 . 探索百科博物馆系列）
ISBN 978-7-5477-4410-9

Ⅰ . ①大… Ⅱ . ①小… ②探… Ⅲ . ①熊科—儿童读物
Ⅳ . ① Q959.838-49

中国版本图书馆 CIP 数据核字 (2022) 第 192913 号

大力熊的秘密
小学童 . 探索百科博物馆系列

出版发行：北京日报出版社
地　　址：北京市东城区东单三条 8-16 号 东方广场东配楼四层
邮　　编：100005
电　　话：发行部：（010）65255876
　　　　　总编室：（010）65252135
印　　刷：天津创先河普业印刷有限公司
经　　销：各地新华书店
版　　次：2023 年 8 月第 1 版
　　　　　2023 年 8 月第 1 次印刷
开　　本：889 毫米 ×1194 毫米　1/16
总 印 张：36
总 字 数：529 千字
定　　价：498.00 元（全 10 册）